Nathaniel Chika Ezebuiro
Joan N. Amanze
Okechukwu N. Eke-Okoro

Caracterização da diversidade do inhame para aumentar os recursos na Nigéria

Nathaniel Chika Ezebuiro
Joan N. Amanze
Okechukwu N. Eke-Okoro

Caracterização da diversidade do inhame para aumentar os recursos na Nigéria

ScienciaScripts

Imprint

Any brand names and product names mentioned in this book are subject to trademark, brand or patent protection and are trademarks or registered trademarks of their respective holders. The use of brand names, product names, common names, trade names, product descriptions etc. even without a particular marking in this work is in no way to be construed to mean that such names may be regarded as unrestricted in respect of trademark and brand protection legislation and could thus be used by anyone.

Cover image: www.ingimage.com

This book is a translation from the original published under ISBN 978-3-659-77258-0.

Publisher:
Sciencia Scripts
is a trademark of
Dodo Books Indian Ocean Ltd. and OmniScriptum S.R.L publishing group

120 High Road, East Finchley, London, N2 9ED, United Kingdom
Str. Armeneasca 28/1, office 1, Chisinau MD-2012, Republic of Moldova, Europe
Printed at: see last page
ISBN: 978-620-8-06618-5

DEDICAÇÃO

Este livro é dedicado à minha família, especialmente à minha mulher, Grace, e aos meus filhos: Chikwado, Chigozie, Oluomachi, Eziaku, Chimaihe, Chukwuebuka e Chinaza pela sua compreensão e encorajamento enquanto este trabalho estava a ser articulado.

RECONHECIMENTO

Reconheço as imensas contribuições dos colegas profissionais do National Root Crops Research Institute, Umudike, para tornar a publicação deste livro uma realidade. Entre outras pessoas, incluem-se o Dr. O.N. Eke-Okoro, a Sra. J.N. Amanze, o Dr. J.G. Ikeorgu e a Sra. J. Nicholas, que são muito apreciados. Agradeço ao Diretor Executivo do Instituto por ter proporcionado o ambiente propício ao trabalho.

Os meus agradecimentos vão para o Instituto Internacional de Agricultura Tropical (IITA), Ibadan e para o Centro Nacional de Recursos Genéticos e Biotecnologia (NACGRAB), Ibadan, pelos seus esforços de colaboração. Os meus agradecimentos vão também para o Global Crop Diversity Trust, Roma, on Conservation, pelo patrocínio do projeto. Estou grato à Sra. Blessing Nwachukwu pela composição tipográfica do trabalho.

Resumo

Das trezentas e sessenta e três cultivares de inhame (Landraces) recolhidas em toda a Nigéria, foram selecionadas oitenta e quatro para caraterização morfológica e dos tubérculos, com o objetivo de fornecer informações sobre as caraterísticas dos acessos, assegurando a utilização máxima da coleção de germoplasma aos utilizadores finais. Durante o estudo, foram recolhidas quatro espécies principais de inhame, das quais 51,2% eram D. alata, 39,3%, D. rotundata, 7,1%, D. dumentorum e 2,4%, D. cayenensis. Estas são as principais espécies de inhame cultivadas e consumidas na zona. Os inhames foram cortados em mini-estacas de 35-40gm e plantados em parcelas de 15m^2 ex situ com réplicas em Umudike e Otobi e os caracteres que eram altamente hereditários e facilmente visíveis a olho nu e expressos no ambiente foram registados utilizando o formato IPGRI. A utilização de variedades autóctones comprovadas para o melhoramento do inhame permaneceu totalmente inexplorada devido a uma avaliação inadequada das caraterísticas. As potencialidades exibidas por alguns dos acessos poderiam ser incorporadas nas parcelas de hibridação para fins de melhoramento.

Palavras-chave: Inhame, *caraterização, diversidade, conservação, recursos genéticos*

ÍNDICE DE CONTEÚDOS:

CAPÍTULO 1

INTRODUÇÃO

O inhame, frequentemente considerado como uma cultura órfã na África subsariana, entre outras, é essencial para a segurança alimentar e a geração de rendimentos dos pequenos agricultores, garantindo a sua subsistência. Tal como outras culturas, as culturas órfãs também são categorizadas em cereais, leguminosas, raízes, tubérculos e culturas de frutos. A razão pela qual algumas culturas órfãs recebem relativamente menos atenção na África Subsariana, em comparação com o milho (Zea mays) e o arroz (Oryza sativa), é desconhecida e surpreendente (Dubois, 2012). O principal obstáculo que afecta a produtividade das culturas órfãs é o baixo rendimento.

As culturas órfãs ou pouco estudadas são consideradas como as principais culturas alimentares de base em muitos países em desenvolvimento devido ao seu papel particular na segurança alimentar, nutrição e geração de rendimentos para os agricultores e consumidores pobres em recursos. As culturas órfãs estão, em geral, mais adaptadas às condições edafoclimáticas extremas prevalecentes em África do que as principais culturas do mundo. Devido à falta de melhoramento genético, as culturas órfãs produzem rendimentos inferiores, tanto em termos de qualidade como de quantidade.

(http://www.iita.org/cms/details/researchsummary.aspx?articleid=268&zoneid = 63)

O inhame é cultivado em cerca de 5 milhões de hectares de terra em cerca de 47 países nas regiões tropicais e subtropicais do mundo, sendo a Nigéria o principal produtor mundial (FAO, 2005, IITA, 2009). A cintura do inhame na África Ocidental estende-se desde a Costa do Marfim, passando pelo Gana, Togo, Benim, Nigéria, até aos Camarões.

O inhame é uma cultura alimentar importante do ponto de vista agrícola e cultural na África Ocidental, onde é colhida mais de 95% da produção mundial de inhame. Na Nigéria, a cintura do inhame estende-se desde a floresta húmida do Sul até à Savana da Guiné do Norte do país. Na Nigéria, o inhame é cultivado tanto em terras altas como em terras baixas, como cultura única ou intercalar. Só a Nigéria produz cerca de 70% da produção mundial (FAO, 2009). Das principais espécies de inhame cultivadas na Nigéria, D. rotundata, D. alata, D. cayenensis, D. dumentorum, D. bulbifera e D. esculenta são as cultivares mais dominantes e populares. Acredita-se que a D. rotundata seja originária das regiões orientais da Nigéria, onde está fortemente ligada à cultura e tradição do povo. D. esculenta e D. alalta são culturas nativas do Sudeste Asiático, enquanto D. cayenensis e D.dumentorum são nativas da África Ocidental e Central. O inhame aéreo é cultivado não pelos seus tubérculos, mas pelos bolbos que se desenvolvem no eixo das folhas da videira. Alguns destes inhames não nativos da Nigéria tornaram-se, por aclimatação e adaptação, um deles.

A agro-biodiversidade ou os recursos genéticos são muito importantes para a descoberta de novas culturas capazes de fazer face às alterações das condições ambientais, como o aquecimento global. No entanto, a diversidade agrícola sempre foi importante. O facto de optarmos por agir como se o poço nunca fosse secar não significa que a diversidade em si não fosse importante para a nossa produtividade agrícola ou segurança alimentar. (Farming matters 2013).

Nos últimos anos, foram lançadas em todo o mundo muitas iniciativas promissoras com o objetivo de preservar e gerir a biodiversidade agrícola. Os pequenos agricultores familiares desempenham frequentemente um papel central nestas iniciativas, actuando como guardiães da biodiversidade. A degradação das terras e a perda de biodiversidade são há muito consideradas problemas graves e, para muitas comunidades, uma ameaça ao seu futuro. A biodiversidade agrícola desempenha um enorme papel na manutenção de economias locais resilientes, de regimes alimentares equilibrados e de ecossistemas equilibrados. O rápido desaparecimento da biodiversidade agrícola e a falta de medidas para a proteger são, por conseguinte, motivos de grande preocupação. As principais políticas agrícolas, que geralmente promovem a agricultura de monocultura, os organismos geneticamente modificados (OGM) e os direitos de propriedade intelectual ameaçam essa biodiversidade agrícola, tendo um impacto nas paisagens agrícolas, nas espécies, nas variedades e nos parentes selvagens das culturas. As políticas e práticas conduzem ao desaparecimento de espécies vegetais e animais e dos conhecimentos inerentes à sua gestão e utilização.

A evidência de um apoio global renovado ao inhame como fonte de rendimento e de segurança alimentar surgiu sob a forma de apoio da UE desde 2010, com um programa gerido pelo IITA Ibadan, na Nigéria, em colaboração com 13 outros institutos de investigação de seis países: Benim, Camarões, Costa do Marfim, Gana, Nigéria e Togo. Procura oferecer uma resposta de investigação sub-regional aos desafios enfrentados pelos produtores (Spore, 2011).

Quanto à qualidade das sementes plantadas, as pragas e doenças dos tubérculos de semente afectam a produção de inhame, por exemplo, nemátodos, fungos e bactérias. Os vírus, por outro lado, podem ser devastadores no campo durante o período de crescimento. A maioria das restrições biológicas afecta a produtividade e a viabilidade das sementes, reduzindo a germinação, o vigor das plantas e o rendimento. A utilização de sementes de boa qualidade e saudáveis é, portanto, uma base crucial para uma produção elevada e sustentável de inhame. A utilização de tubérculos de sementes doentes resulta na produção de inhames pequenos e de má qualidade e num declínio cíclico persistente. A obtenção de sementes de inhame saudáveis é um dos maiores problemas para os agricultores. Alguns agricultores utilizam o seu próprio stock de sementes, colhidas na época anterior, enquanto outros obtêm as suas sementes no mercado. (Coyne et al, 2010).

A utilização de variedades autóctones de inhame comprovadas para o melhoramento do inhame tem permanecido totalmente inexplorada devido a uma avaliação inadequada das caraterísticas. Apesar das actividades de investigação para melhorar as variedades desta cultura, é imperativo que a diversidade genética desta cultura seja mantida para a posteridade. Deve ser dada grande importância à recolha da diversidade ameaçada, à multiplicação e à distribuição do material conservado aos agricultores e à sua utilização pelos criadores. A documentação da recolha é fundamental para a conservação e a utilização sustentáveis da diversidade genética das espécies.

A conservação, manutenção e duplicação segura dos recursos genéticos do inhame, utilizando uma combinação dos métodos de conservação disponíveis, facilitará a

> ➤ Salvaguarda de germoplasma importante relacionado com o inhame contra a perda devida à degradação ambiental.

➢ Estudo da relação de parentesco entre as espécies do género *dioscorea* - disponibilização de um conjunto de germoplasma para o rastreio de potenciais caraterísticas agronómicas importantes (ou seja, resistência a doenças, caraterísticas pós-colheita, qualidades nutricionais, apomixes).

➢ Disponibilidade de uma fonte de géneros para a transferência de caraterísticas benéficas para as cultivares de inhame preferidas pelos agricultores.

Por conseguinte, a caraterização do germoplasma é essencial para fornecer informações sobre as caraterísticas dos acessos, assegurando a utilização máxima da coleção de germoplasma pelo utilizador final. O registo e a compilação de dados sobre as caraterísticas importantes que distinguem os acessos dentro de uma espécie permitem uma discriminação fácil e rápida entre fenótipos (Frank e Benneh, 1970).

A caraterização morfo-agronómica liberta informação que pode ajudar o obtentor de plantas e outros utilizadores na utilização eficiente de materiais recentemente adquiridos. Um acesso não avaliado e não caracterizado num germoplasma é um recurso desperdiçado. É necessário que um obtentor ou curador avalie e caracterize as suas novas colecções para determinar o seu valor reprodutivo e a sua forma taxonómica para verificar se existem duplicações entre os acessos recentemente recolhidos. A avaliação e a caraterização morfológica classificarão os acessos no germoplasma em morfo-tipos distintos com base em caraterísticas agronómicas importantes.

Para a caraterização e avaliação dos acessos, são utilizados descritores que correspondem geralmente a caracteres ou atributos cujas expressões são facilmente detectáveis a olho nu, facilmente registáveis, e valores agronómicos fáceis de medir ou avaliar e que se referem à forma, estrutura ou comportamento de um acesso, podendo diferenciar um acesso de outro (Hildago, 2003). Um descritor pode assumir diferentes valores; pode ser expresso como valor numérico, escala, código ou qualidade descritiva (Jaramillo e Baena, 2000).

O descritor relacionado com o carácter fenotípico corresponde principalmente à descrição morfológica da planta e à sua arquitetura. O descritor é necessário para determinar as necessidades do agricultor, uma vez que a razão para a escolha da variedade varia. Por exemplo, se os agricultores precisam de uma variedade tolerante à seca, devem ser feitos esforços para desenvolver material tolerante à seca. É muito importante, a um determinado nível, que os agricultores conheçam o tipo de inhame a criar para uma determinada condição. Com base nisto:

Os objectivos do trabalho foram os seguintes

i. Assegurar uma melhor interação entre as comunidades de conservação e de utilização.

ii. Aumentar o fluxo de diversidade para os programas de melhoramento e diretamente para os agricultores.

iii. Identificar cultivares com caraterísticas comprovadas para melhorar as culturas e aumentar os valores nutricionais e

iv. Classificá-los em morfo-tipos distintos, de modo a que os caracteres/traços expressos sejam identificados e utilizados pelos criadores, agricultores e investigadores.

METODOLOGIA:

Em dezembro de 2010, um dos principais resultados de uma reunião consultiva sob os auspícios do Global Crop Diversity Trust e do Centro Nacional de Recursos Genéticos e Biotecnologia (NACGRAB) de Ibadan, em associação com o IITA, Ibadan, foi a realização de um estudo sobre o inhame, a recolha, a multiplicação e a distribuição aos agricultores de acessos de inhame da cintura do inhame nigeriano, incluindo os que estão em vias de extinção, de modo a preservar a biodiversidade do inhame (Ikeorgu et al; 2010). O Fundo liderou várias actividades, incluindo a regeneração e o resgate de germoplasma e a facilitação da duplicação regional e global de germoplasma.

O estabelecimento das parcelas de inhame em Umudike e Otobi ocorreu entre os meses de maio e junho de 2011, enquanto as parcelas recolhidas no início de 2012 foram estabelecidas no início da época de plantação desse ano (abril/maio).

Os inhames foram cortados em mini-estacas de 35 gm- 40gm e plantados em parcelas de $15m^2$ sole a 25cm de distância entre plantas e 100cm entre linhas com réplicas em Umudike e Otobi. Os herbicidas pré e pós-emergência foram aplicados à taxa de 250 ml cada em 15 litros de água aquando da plantação. Foram efectuadas outras operações de campo, como a monda suplementar e a estacaria. Devido ao atraso na atividade de recolha em 2011, 50% dos materiais recolhidos foram estabelecidos em Umudike e Otobi, respetivamente.

Umudike situa-se em Umuahia, que é a capital do Estado de Abia e se encontra na cintura da floresta tropical da Nigéria. Umudike situa-se na Latitude 05021'N e na Longitude O7^0 33'E. Encontra-se a uma altitude de 122 msl. A temperatura varia entre 21-33^{0c} e a precipitação anual é de cerca de 4000 mm. Os solos são cobertos por uma mistura de areias da planície costeira e arenito (FDALR, 1985). Otobi é uma comunidade em Otukpo, que se situa no Estado de Benue, na cintura da Savana da Guiné, na Nigéria. Situa-se na Coordenada 8019' 0" Norte, 8031 Este, Latitude 700 14'37' N e Longitude 80 47'5 E. Encontra-se a uma altitude de 30msl e tem uma temperatura diária de 31oc com uma precipitação média anual de 1200mm. O tipo de solo é de natureza argilosa e franco-argilosa. O clima na área é caracterizado por estações secas e húmidas bem definidas, com uma precipitação média anual de 1200 mm, a maior parte da qual cai durante os meses de abril a outubro. Durante o mês de agosto, a chuva atinge o seu pico. A humidade relativa (HR) e a temperatura diária são geralmente de 85% e 31^{oc} , especialmente na estação seca, que é anunciada por um período de tempo quente e seco. O tempo frio e seco chamado harmattan começa em meados de outubro a janeiro, seguido de tempo quente e seco de fevereiro a maio (In: Nwagu, et al 2009).

Os caracteres que eram altamente hereditários e facilmente visíveis a olho nu e expressos nos ambientes foram registados utilizando o formato IPGRI (IPGRI 1988). A avaliação teve também como objetivo elucidar as suas caraterísticas potenciais para o melhoramento das culturas. Um total de 363 acessos de inhame foi recolhido em 2011 e no início de 2012 na maior faixa de cultivo de inhame da Nigéria - estados de Abia, Imo, Enugu, Ebonyi, Anambra, Cross River, Akwa Ibom, Benue, Nassarawa, Oyo, Osun, Ekiti, Níger, Edo e Rivers. Foi adotado um método de Avaliação Rural Participativa (PRA) para o inquérito que orientou a listagem das cultivares de inhame cultivadas em cada comunidade, o seu potencial de rendimento, caraterísticas agronómicas e culinárias, valores culturais e económicos e o seu estatuto utilizando a análise dos quatro quadrados (Ezebuiro et al, 2012). A regeneração das melhores variedades terrestres selecionadas pelas suas qualidades preferidas pelos agricultores para inclusão no nosso programa de melhoramento e para distribuição aos agricultores está em curso.

Das 363 cultivares de inhame recolhidas em toda a Nigéria, 84 cultivares foram selecionadas para caraterização morfológica e dos tubérculos, uma vez que as restantes tinham caraterísticas semelhantes. D. alatat constituiu 51,2% da coleção total, enquanto D. rotundata foi 39,3%,

D. dumentorum, 7,1% e D. cayenensis 2,4%. Estas são as principais espécies de inhame cultivadas e consumidas nas áreas inquiridas. Os tubérculos de cada acesso foram contados, pesados e caracterizados em conformidade. É de notar que não foram utilizados níveis avançados de caraterização molecular no exercício de caraterização. Pretendemos fazê-lo no futuro para determinar a relação de parentesco ou não dos materiais da nossa coleção.

RESULTADOS E DISCUSSÃO

A avaliação dos sistemas de produção, conservação e caraterização do inhame inclui a avaliação do conhecimento agro-ecológico dos agricultores (solos, recursos genéticos, práticas, conservação e utilização) dos processos de tomada de decisão dos agricultores para a gestão da diversidade do inhame e das exigências e diversidade do mercado. Também é indicado um resumo das partes caracterizadas, ou seja, a parte aérea e os tubérculos.

Os resultados apresentados são as duas principais caraterísticas das partes aéreas descritas utilizando o manual de descritores do inhame, nomeadamente, a lâmina foliar e o cipó. A caraterização da folha avaliou as seguintes caraterísticas, que foram

- Lâmina foliar: estreita, longa, larga, curta ou trifoliada.
- Cor: verde claro, verde a verde profundo.
- Ângulo de fixação: agudo, obtuso e intermédio
- Tamanho do pecíolo: intermédio e longo.
- Cor do pecíolo: verde claro, verde e castanho claro.

Foram consideradas as seguintes caraterísticas das vinhas

- Tamanho: fino, pequeno, intermédio ou grande
- Cor: verde claro, verde, verde púrpura e verde profundo
- Asas: Presentes ou ausentes nas cultivares
- Espinhos: presentes ou ausentes nas cultivares e variam também nos pontos de presença. Alguns estão localizados na base da videira enquanto outros estão espalhados por toda a videira.
- Catafilo: presente ou ausente nas cultivares caracterizadas.
- Torcimento: Algumas cultivares torcem no sentido dos ponteiros do relógio, enquanto outras torcem no sentido contrário aos ponteiros do relógio.

Foram descritas quatro caraterísticas dos tubérculos utilizando o mesmo manual de descrição. Estas eram: o tamanho e a forma do tubérculo, a cor da pele exterior, o córtex e a cor da polpa interior. As seguintes caraterísticas foram listadas, a saber

- Tamanho do tubérculo: pequeno, médio ou grande
- Forma dos tubérculos: Oval, cilíndrico, cilíndrico oval ou achatado
- Região da cabeça: Plana, em forma de taco ou em cunha

- Região média: recortada, não recortada, ramificada, não ramificada ou ligeiramente recortada.
- Cauda/parte inferior: Indentada, pontiaguda, plana/pontiaguda ou redonda
- Cor da epiderme externa: espessa/fina, castanha, castanha-amarelada ou castanha clara.
- Córtex: Branco, creme, amarelo, branco mas oxida mais tarde, rosa ou amarelo claro.
- Cor da polpa interna: Branco, creme, amarelo, creme profundo, branco, mas oxida mais tarde.

CAPÍTULO 2

CARACTERIZAÇÃO ARIAL DA DIVERSIDADE CONSERVADA

Akwashi

Lâmina da folha

- Lâmina foliar estreita e comprida
- Lâmina de folha verde
- Ângulo agudo do lóbulo da folha
- Pecíolo longo e verde

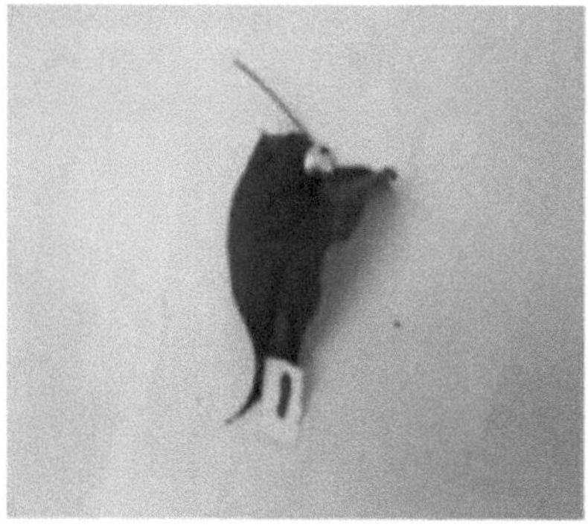

Lâmina de folha de Akwashi

Videira

- Videira pequena
- Videira Notone
- Bloom presente
- Catafila presente

Videira de Akwashi

Abala Meya

Lâmina de folha

- Lâmina foliar estreita e comprida
- Lâmina foliar verde-escura
- Ângulo oblíquo do lóbulo da folha
- Pecíolo verde claro

Lâmina foliar de Abala Meya

Videira

- Videira verde clara
- Asa presente
- Sem lombada
- Relógio sábio a girar

Videira de Abala Meyca

Ijibo

Lâmina de folha

- Lâmina foliar estreita e comprida
- Lâmina foliar verde-clara
- Ângulo oblíquo do lóbulo da folha
- Pecíolo verde claro

Lâmina da folha de Ijibo

Videira

- Videira verde clara
- Asa presente
- Sem lombada
- Torcido no sentido dos ponteiros do relógio

Videira de Ijibo
Abiito
Lâmina da folha

- Lâmina foliar larga e curta
- Folha verde escura proeminente
- Ângulo agudo do lóbulo da folha
- Pecíolo curto e de cor clara a cinzenta
- Lóbulo da folha oblíquo

Lâmina de folha de Abiito
Videira

- Videira espinhosa
- Videira verde clara
- Espinha na base dos ramos
- Sem asas
- Torcimento anti-horário

Videira de Abiito

11

Dan-Onitsha

Lâmina da folha

- Lâmina foliar larga e curta
- Lâmina foliar verde-escura
- Intermediário
- Cor verde do pecíolo

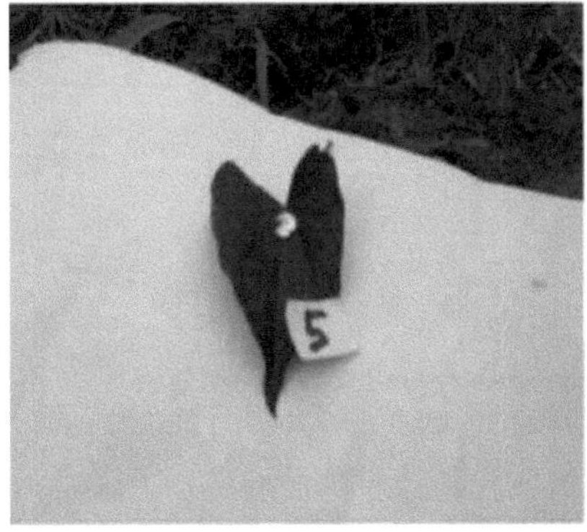

Lâmina de folha de Dan-Onitsha

Videira

- Espinhos curtos e macios
- Sem catafila
- Videira de pigmentação púrpura

Videira de Dan-Onitsha

Gwari

Lâmina de folha

- Lâmina foliar estreita e comprida
- Lâmina de folha verde
- Ângulo agudo do lóbulo da folha
- Cor do pecíolo verde curto

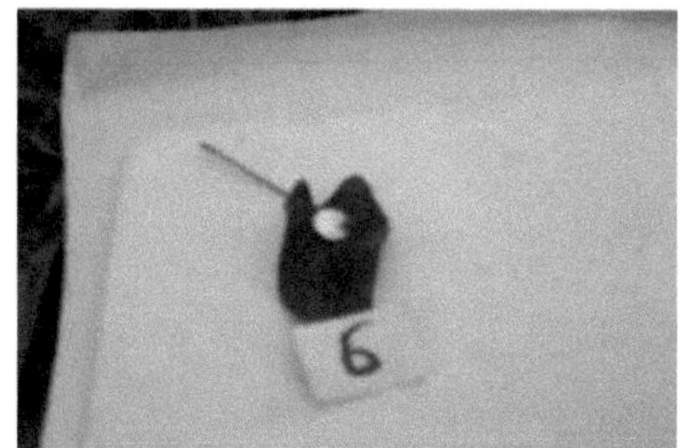

Lâmina de folha de Gwari

Videira

- Sem lombadas
- Catafila presente
- Trepadeira pequena e verde-clara

Videira de Gwari

122 Okwahata

Lâmina da folha

- Lâmina foliar estreita e comprida
- Lâmina foliar verde-clara
- Ângulo agudo do lóbulo da folha
- Cor intermédia e verde do pecíolo

Lâmina foliar de 122 Okwahata

Videira

- Sem lombadas

- Sem catafila
- Asas presentes

Videira de 122 Okwahata
Egwumabina
Lâmina de folha

- Lâmina foliar estreita e comprida
- Lâmina foliar verde-clara
- Ângulo oblíquo do lóbulo da folha
- Pecíolo longo de cor verde

Lâmina de folha de Egwumabina
Videira

- Sem lombada
- Catafila presente
- Trepadeira verde, pequena e roxa

Videira de Egwumabina

Sofá

Lâmina da folha

- Lóbulo da folha largo e comprido
- Lâmina foliar verde-clara
- Ângulo agudo do lóbulo da folha
- Pecíolo longo e de cor verde

Lâmina de folha do sofá

Videira

- Poucos espinhos e fortes na base
- Sem catafila
- Torcida anti-horário
- Trepadeira pequena e verde-clara

Videira de Sofá

Giwa

Lâmina da folha

- Lâmina foliar estreita e longa/lateral
- Cor verde da folha
- Ângulo agudo do lóbulo da folha
- Pecíolo longo e de cor verde escura

Videira
- Vinha principal grande e vinhas médias
- Videira verde escura
- Espinhos profusos nas videiras principais
- Sem asas
- Torcida anti-horário

Videira de Giwa
Abana
Lâmina da folha
- Lâmina foliar estreita e comprida
- Lâmina foliar verde-escura
- Ângulo agudo do lóbulo da folha
- Pecíolo curto e de cor verde

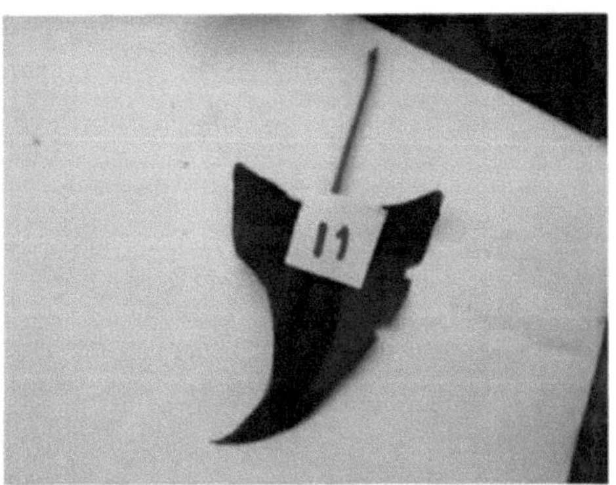

Lâmina foliar de Abana
Videira
- Asas presentes
- Cor verde clara da vinha

Videira de Abana
Isiatu
Lâmina de folha

- Lâmina foliar larga e curta
- Lâmina foliar clara e verde
- Ângulo agudo do lóbulo da folha
- Pecíolo longo e verde com pigmentação em ambas as bases.

Lâmina da folha do Isiatu
Videira

- Lombadas presentes
- Catafila presente
- Videira grande e de cor verde clara

Videira de Isiatu

Urobo

Lâmina de folha

- Lâmina foliar larga e comprida
- Lâmina foliar verde-clara
- Ângulo agudo do lóbulo da folha
- Cor do pecíolo verde intermédio

Lâmina de folha de Urobo

Videira

- Sem lombadas
- Sem catafila
- Asas presentes
- Videira verde púrpura

Videira de Urobo

Efala

Lâmina de folha

- Lâmina foliar longa e larga
- Lâmina de folha verde
- Pecíolo intermédio e verde

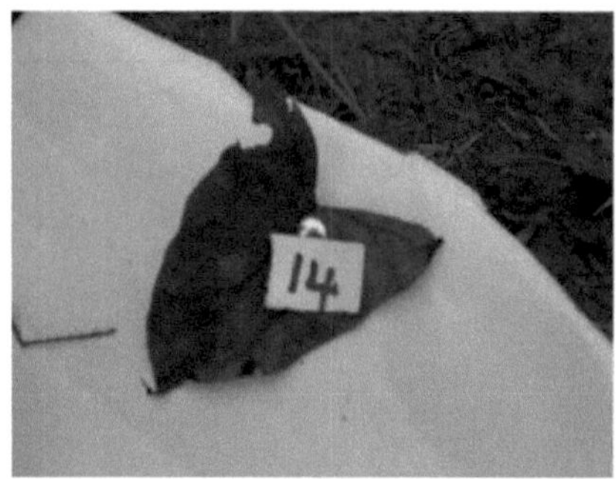

Lâmina de folha de Efala
Videira

- Sem lombada
- Sem catafila
- Videira pequena e de cor verde

Videira de Efara
Idoko
Lâmina de folha

- Lâmina foliar estreita e comprida
- Lâmina de folha verde
- Pecíolo curto e roxo

Lâmina de folhas de Idoko
Videira

- Sem lombadas
- Sem catafila
- Trepadeira espinhosa e de cor púrpura

Videira de Idoko
Okpebe
Lâmina de folha

- Lâmina foliar larga e curta
- Lâmina foliar verde-escura
- Pecíolo longo e de cor verde

Lâmina de folha de Okpebe
Videira

- Lombada curta na base
- Sem catafila
- Videira espessa e de cor verde clara

Videira de Okpebe
Owayip
Lâmina de folha

- Lâmina foliar larga e curta
- Lâmina foliar verde-clara
- Ângulo oblíquo do lóbulo da folha
- Pecíolo curto e verde

Lâmina de folhas de Owayip
Videira

- Lombada pequena e verde escura
- Sem catafila
- Videira pequena

Videira de Owayip
Ashamola
Lâmina de folha

- Lâmina foliar larga e comprida
- Lâmina de folha verde
- Ângulo agudo do lóbulo da folha
- Pecíolo longo e verde

Lâmina de folha de Ashamola

Videira

- Sem lombada
- Catafila presente
- Trepadeira grande e verde escura

Videira de Ashamola
Didio
Lâmina de folha

- Lâmina foliar larga e curta
- Lâmina foliar verde-clara
- Pecíolo curto e de pigmentação verde-clara

Lâmina de folha de Didio
Videira

- Sem lombada
- Sem catafila
- Pequena videira de cor verde púrpura

Videira de Didio

Ogoja

Lâmina de folha

- Lâmina foliar longa
- Cor verde-escura da lâmina foliar
- Ângulo agudo do lóbulo da folha
- Pecíolo curto de cor verde

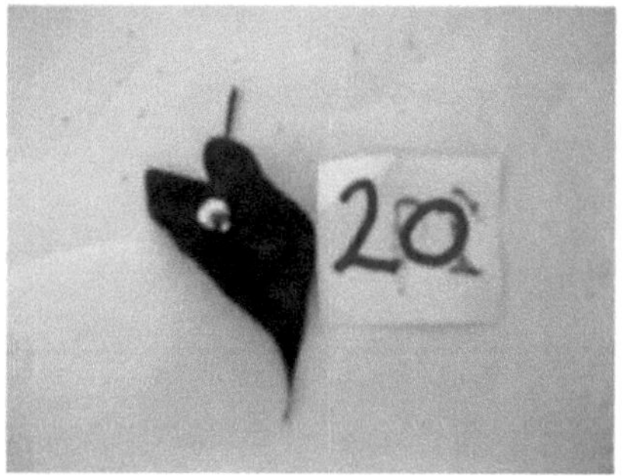

Lâmina foliar de Ogoja

Videira

- Espinhos no caule principal
- Sem asas
- Torcida anti-horário
- Trepadeira fina a média
- Videira verde

Videira de Ogoja

Misa

Lâmina de folha

- Lâmina foliar estreita e comprida
- Lâmina foliar verde-clara
- Pecíolo longo e verde claro

Lâmina de folha de Misa

Videira

- Sem lombada
- Sem catafila
- Pequena videira de cor verde púrpura

Videira de Misa

Obiaoturugo

Lâmina de folha

- Lâmina foliar média a grande/larga
- Cor verde escura sem pigmento
- Ângulo oblíquo do lóbulo da folha
- Lóbulo agudo da folha
- Pecíolo escuro e longo

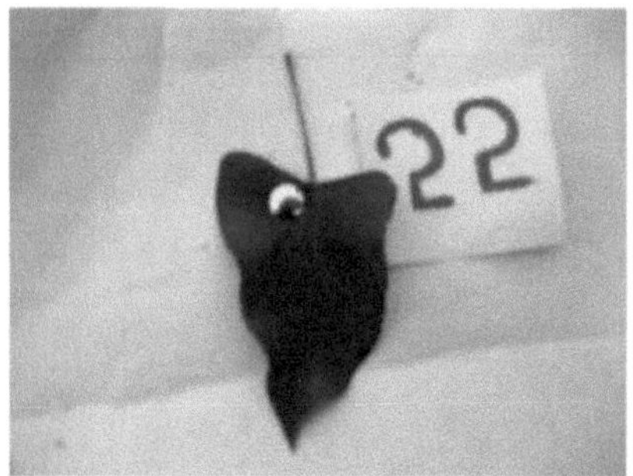

Lâmina foliar de Obiaoturugo

Videira

- Ausência de espinha na base da videira
- Sem asas
- Torcida anti-horário
- Videira verde clara

Videira de Obiaoturugo

Igum

Lâmina de folha

- Lâmina estreita e comprida
- Lâmina de folha verde
- Ângulo agudo do lóbulo da folha
- Pecíolo longo e verde claro

Lâmina foliar de Igum

Videira

- Lombada curta e dura
- Sem catafila
- Cor de videira grande e verde

Videira de Igum

Ogwuma-meri

Lâmina de folha

- Lâmina foliar larga e comprida
- Lâmina foliar verde-clara
- Ângulo agudo do lóbulo da folha
- Cor intermédia e verde do pecíolo

Lâmina de folha de Ogwuma-meri

Videira

- Espinha de aglomerado curta na base
- Pequeno e de cor verde

Videira de Ogwuma-meri
Okpani
Lâmina de chumbo
- Lâmina foliar larga e comprida
- Lâmina foliar verde-escura
- Ângulo agudo do lóbulo da folha
- Cor intermédia e púrpura do pecíolo

Lâmina de folha de Okpani
Videira
- Poucos e lombada dura
- Pequena videira de cor verde púrpura

Videira de Okpani

Ogo - obio - obio

Lâmina de folha

- Lâmina foliar estreita e comprida
- Lâmina foliar verde-clara
- Ângulo agudo do lóbulo da folha
- Pecíolo intermédio e verde-claro

Lâmina de folha de Ogo-obio-obio

Videira

- Espinha no meio da videira
- Videira verde clara

Videira de Ogo-obio-obio

Madaki

Lâmina de folha

- Lâmina foliar estreita e comprida
- Lâmina foliar verde-escura
- Ângulo agudo do lóbulo da folha
- Pecíolo comprido e de cor verde-púrpura com pigmentação na base

Lâmina de folha de Madaki
Videira

- Sem lombada
- Trepadeira pequena e verde-clara

Videira de Madaki
Faketsa
Lâmina de folha

- Lâmina foliar estreita e comprida
- Lâmina foliar verde-escura
- Ângulo agudo do lóbulo da folha
- Pecíolo curto e verde

Lâmina de Folha de Faketsa
Videira

- Poucas lombadas

- Cor de videira grande e verde

Videira de Faketsa
Takama
Lâmina de folha
- Lâmina foliar estreita e comprida
- Lâmina foliar verde-clara
- Ângulo agudo do lóbulo da folha
- Pecíolo intermédio e púrpura com pigmentação na base.

Lâmina de folha de Takama
Videira
- Poucos espinhos na base
- Pequena videira de cor verde clara

Videira de Takama
Soco
Lâmina de folha

- Lâmina foliar larga e comprida
- Lâmina de folha verde
- Ângulo oblíquo do lóbulo da folha
- Pecíolo curto e de cor verde púrpura

Lâmina de folha de perfuração
Videira

- Sem lombada
- Sem catafila
- Pequena videira de cor verde púrpura

Videira de Ponche
Okeyi
Lâmina de folha

- Lâmina foliar estreita e comprida
- Lâmina de folha verde
- Ângulo agudo do lóbulo da folha
- Pecíolo longo e de cor verde com verde mais profundo na base.

Lâmina de folha de Okeyi
Videira

- Sem lombada
- Cor verde púrpura da vinha

Videira de Okeyi
Pepa
Lâmina de folha

- Lâmina foliar estreita e comprida
- Folha madura verde-clara e folha jovem roxa
- Ângulo agudo do lóbulo da folha
- Pecíolo longo e de cor verde

Lâmina foliar de Pepa

Videira

- Sem asas
- Espinha longa e curvada em todo o comprimento da videira
- Torcida anti-horário
- Videira pequena e de cor verde

Videira de Pepa
Nwaopoko
Lâmina de folha

- Lâmina foliar estreita e longa e pontiaguda
- Folha verde clara a escura
- Ângulo agudo do lóbulo da folha
- Pecíolo longo e de cor verde escura

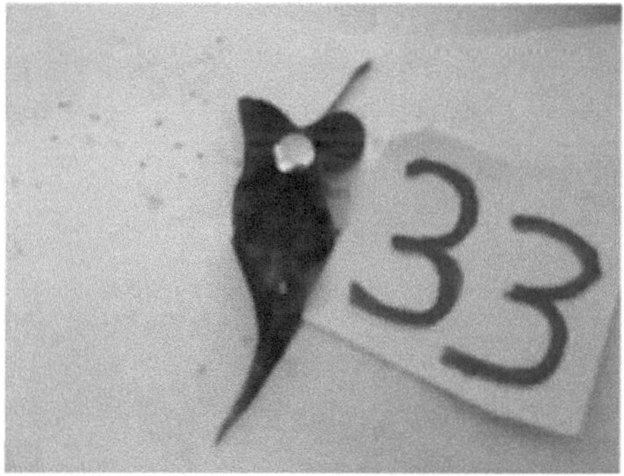

Lâmina foliar de Nwaopoko
Videira

- Lombada na base
- Sem asas
- Torcida anti-horário
- Videira média e verde

Videira de Nwaopoko
Mbelo
Lâmina de folha

- Lâmina foliar larga e comprida
- Lâmina foliar verde-clara
- Ângulo oblíquo do lóbulo da folha
- Cor do pecíolo verde intermédio

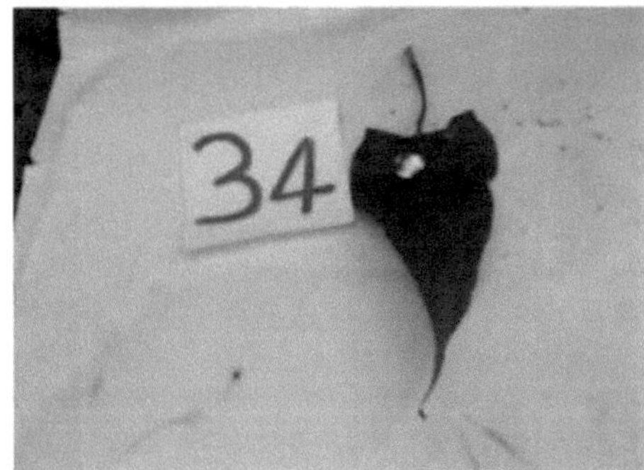

Lâmina de folha de Mbelo
Videira

- Pequeno e verde claro
- Lombada pequena e verde escura

Videira de Mbelo

Katagogo
Lâmina de folha
- Lâmina foliar estreita e comprida
- Lâmina de folha verde
- Ângulo oblíquo do lóbulo da folha
- Cor do pecíolo verde-claro intermédio

Lâmina de folha de Katagogo
Videira
- Espinhos curtos
- Sem catafila
- Pequena videira de cor verde escura

Videira de Katagogo
Adalaia
Lâmina de folha
- Lâmina foliar larga e intermédia
- Lâmina foliar verde-clara
- Pecíolo longo e de cor verde púrpura

Lâmina de folha de Adalaa

Videira

- Lombadas presentes
- Catafila presente
- Videira pequena

Videira de Adalaa

Use-ekpe

Lâmina de folha

- Lâmina foliar estreita e comprida
- Lâmina foliar verde-clara
- Ângulo agudo do lóbulo da folha
- Pecíolo curto e verde-púrpura com pigmentação na base.

Lâmina foliar de Usekpe

Videira

- Sem lombadas

- Cor da vinha verde médio e claro

Videira de Use-ekpe
Indisime
Lâmina de folha

- Lâmina foliar larga e comprida
- Lâmina de folha verde
- Ângulo agudo do lóbulo da folha
- Pecíolo longo e de cor verde

Lâmina de folha de Indisime
Videira

- Asas presentes
- Cor verde da vinha

Videira de Indisime
Onayip
Lâmina de folha

- Lâmina foliar larga e comprida
- Lâmina foliar verde-clara
- Pecíolo longo e de cor verde

Lâmina de folha de Onayip
Videira

- Sem lombada
- Sem catafila
- Pequena videira de cor verde púrpura

Videira de Onayip
Dan-anacha
Lâmina de folha

- Lâmina foliar estreita e comprida
- Lâmina foliar verde-clara
- Pecíolo de cor intermédia verde-púrpura com pigmentação na base.

Lâmina de folhas de Dan-anacha
Videira

- Sem lombada
- Catafila presente
- Videira grande

Videira de Dan-anacha
Ikimakpe
Lâmina de folha

- Lâmina foliar larga e comprida
- Lâmina foliar verde-clara
- Ângulo agudo do lóbulo da folha
- Pecíolo de cor verde-clara intermédia, com pigmentação na base superior e inferior.

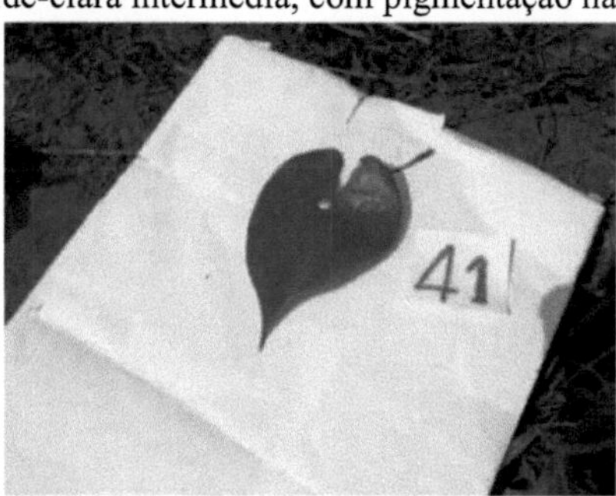

Lâmina de folha de Ikimakpe

Videira
- Sem lombada
- Trepadeira pequena e verde escura

Videira de Ikimakpe
Kotonu
Lâmina de folha
- Lâmina foliar estreita e comprida
- Lâmina de folha verde
- Ângulo agudo do lóbulo da folha
- Pecíolo longo e de cor verde clara, com pigmentação na base superior e inferior.

Lâmina de folha de Kotonu
Videira
- Lombada dura na base
- Videira grande e de cor verde clara

Videira de Ikimakpe
Lagos
Lâmina de folha

- Lâmina foliar estreita e comprida
- Lâmina foliar verde-clara
- Ângulo oblíquo do lóbulo da folha
- Pecíolo curto e de cor verde clara.

Lâmina da folha Lagos
Videira

- Pequena lombada na base
- Cor verde clara da vinha

Videira de Lagos
Okwantata
Lâmina da folha

- Lâmina foliar estreita e comprida
- Lâmina de folha verde
- Pecíolo longo e de cor verde clara, com pigmentação na base superior e inferior.

Lâmina foliar de Okwantata
Videira

- Sem lombada
- Sem catafila
- Trepadeira pequena e verde-clara

Videira de Okwantata
Ogini
Lâmina de folha

- Lâmina foliar estreita e comprida
- Lâmina foliar verde-clara
- Pecíolo longo e de cor verde clara, com pigmentação na base superior e inferior.

Lâmina foliar de Ogini
Videira

- Poucas espinhas
- Sem catafila
- Trepadeira pequena e verde-clara

Videira de Ogini
Kpari
Lâmina de folha

- Lâmina foliar estreita e comprida
- Lâmina de folha verde
- Pecíolo longo e de cor verde
- Ângulo oblíquo do lóbulo da folha

Lâmina foliar de Kpari
Videira

- Espinhos curtos na base
- Cor de videira grande e verde

Videira de Kpari
Ochuhi
Lâmina de folha

- Lâmina larga e curta de três folhas
- Folha verde escura
- Peludo e com pecíolo longo

Lâmina da folha de Ochuhi
Videira

- Pequena e verde-clara, com pêlos nas videiras

Videira de Ochuhi

Nka
Lâmina de folha
- Lâmina foliar larga e comprida
- Lâmina de folha verde
- Anjo do lóbulo da folha obtuso
- Pecíolo curto e de cor verde escura

Lâmina de folha de Nka
Videira
- Sem catafila
- Grande e verde com cor de videira roxa

Videira de Nka
Americana
Lâmina da folha
- Lâmina foliar estreita e comprida
- Lâmina foliar verde-escura
- Ângulo agudo do lóbulo da folha
- Pecíolo curto e de cor verde clara

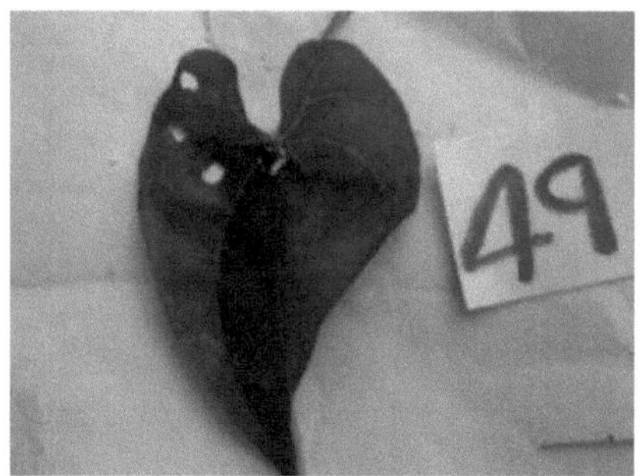

Lâmina foliar de Americana
Videira
- Asas presentes
- Cor verde clara da vinha

Videira de Americana
Isi-utu
Lâmina de folha
- Lâmina foliar larga e comprida
- Lâmina foliar verde-clara
- Ângulo oblíquo do lóbulo da folha
- Cor verde-púrpura intermédia

Lâmina da folha de Isi-utu
Videira

- Asas presentes
- Cor verde púrpura da vinha

Videira de Isi-utu

Mbala Ocha

Lâmina de folha

- Lâmina foliar estreita e comprida
- Lâmina foliar verde-clara
- Pecíolo curto e verde claro

Lâmina foliar de Mbala-Ocha

Videira

- Asa presente
- Cor verde clara da vinha

Videira de Mbala-Ocha

Egboja

Lâmina de folha

- Lâmina foliar estreita e curta
- Lâmina foliar verde-escura
- Cor do pecíolo intermédia e verde clara.

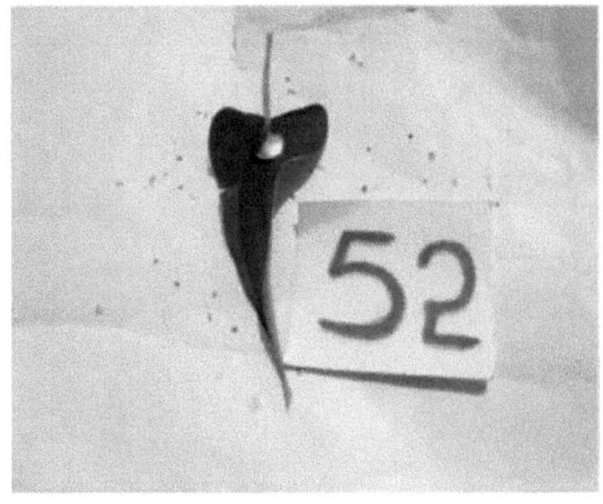

Lâmina foliar de Egboja

Videira

- Asa presente
- Cor verde clara da vinha

Videira de Egboja

Atamina

Lâmina de folha

- Lâmina foliar larga e curta
- Lâmina foliar verde-escura
- Pecíolo longo e de cor púrpura

Lâmina da folha de Atamina
Videira

- Lombada pequena
- Pequena videira de cor verde clara

Videira de Atamina
Abana-mme
Lâmina de folha

- Lâmina foliar larga e comprida
- Lâmina foliar verde-clara
- Pecíolo longo e de cor verde clara

Lâmina foliar de Abana mme
Videira

- Asas presentes
- Cor verde clara da vinha

Videira de Abana mme
Abana-ukwanakata
Lâmina de folha

- Lâmina foliar estreita e comprida
- Lâmina de folha verde
- Pecíolo longo e de cor verde clara

Lâmina foliar de Abana-ukwanakata
Videira

- Asas presentes
- Cor verde clara da vinha

Videira de Abana-ukwanakata

Olele

Lâmina de folha

- Lâmina foliar larga e comprida
- Ângulo agudo da lâmina foliar
- Cor do pecíolo intermédia e verde clara

Lâmina foliar de Olele

Videira

- Asa presente
- Cor verde clara da vinha

Videira de Olele

Buhu

Lâmina de folha

- Lâmina foliar larga e comprida
- Ângulo agudo do lóbulo da folha
- Pecíolo longo e de cor verde clara

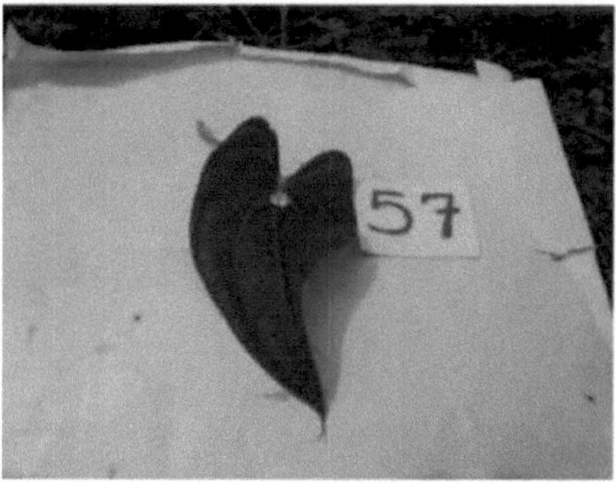

Lâmina de folha de Buhu

Videira

- Asas presentes
- Verde-claro com crista roxa cor de videira

Videira de Buhu
Ipapali
Lâmina de folha

- Lâmina estreita e comprida
- Lâmina foliar verde-clara
- Cor do pecíolo verde médio e claro
- Ângulo agudo do lóbulo da folha

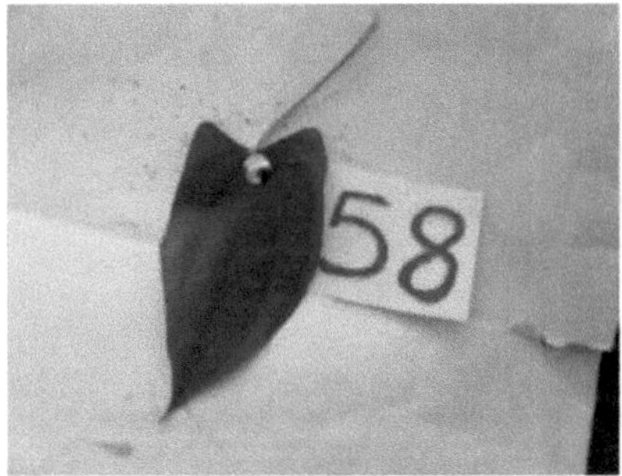

Lâmina foliar de Ipapali
Videira

- Cor verde clara da vinha

Videira de Ipapali
Gargalo da garrafa (Ekpume)
Lâmina de folha

- Lâmina foliar estreita e comprida
- Ângulo agudo do lóbulo da folha
- Cor intermédia e verde do pecíolo

Lâmina de folha do gargalo da garrafa.

Videira

- Asa presente
- Cor verde da vinha

Videira de gargalo de garrafa

Omilaogu

Lâmina de folha

- Lâmina foliar larga e comprida
- Ângulo agudo do lóbulo da folha
- Pecíolo de cor verde-clara com pigmentação púrpura na base superior e inferior.

Lâmina foliar de Omilaogu

Videira

- Asas presentes
- Cor verde clara da vinha

Videira de Omilaogu

CAPÍTULO 3
CARACTERIZAÇÃO DE TUBÉRCULOS COM BASE NA DIVERSIDADE CONSERVADA

Agro ecological zone	LGA	Name of Community	Yam species	Name of variety	Year of collection	Size and shape of tuber	Head region	Middle	Tail/lower part	Outer skin colour	Cortex	Inner flesh	Tuber number
Middle belt	Obi	Mira Jidra	D. rotundata	Alowashi	2011	Large, cylindrical root hair all over the body	Flat	Not indented / Not branched	Pointed	Thick	White	White	350
South East		Openda	D. rotundata	Abala maya	2011	Medium, oval with hair on the whole body	Club- like head	Not indented / Not branched	Flat with black spot	Thin and brown	Cream	Cream	6
South East		Iyamon-yong	D. alata	Ijbo	2011	Cylindrical small with hairs at the head, smooth body	Club-like	Indented	Flat with dent at the bottom	Thin	Cream	Cream	3
South East		Niame East	D. rotundata	Abii ito	2011	Medium, cylindrical not smooth, with small hairs on the body	Club-like / Few root on the head	Indented / Not branched	Pointed	Thin	Cream	Cream	2
			D. rotundata	122 Olowahata	2011	Medium oval shape with hairs all over the body	Club-like	Not indented not branched	Flat-pointed	Thin and brown	Cream	Cream	-
South East			D. rotundata	Egwuandbisa	2011	Small oval with rough body no hairs	Flat	Not indented not branched	Flat with black spot	Thick and brown	White	White	1
Middle Belt	Ukum	Sarkara	D. rotundata	Sofa	2011	Small cylindrical long and tapers at the end	flat	Not indented / Not branched	pointed	Thin and brown	Cream yellow	white	1

State of collection	Agro ecological zone	LGA	Name of Community	Yam species	Name of variety	Year of collection	Size and shape of tuber	Head region	Middle	Tail/lower part	Outer skin colour	Cortex	Inner flesh	Tuber number
Anambra	South East		Nwofe Enusraka	D. alata	Abana	2011	Medium oval shape with hairs all the body	Club-like	Not indented not branched	Indented at the tail region	Thin and brown	cream	cream	12
Ebonyi	South East		Nkeme East	D. rotundata	Oku hiatu	2011	Small, rough without hairs on the body	Wedge, strong root hairs at the head region	Not indented not branched	Pointed	Thick and brown	Yellow	Yellow	6
Ebonyi	South East	Ivo	Ishiagu	D. alata	Urobo	2011	Large oval, cylinderical with smooth body no hair.	Flat club-like	Indented towards the lower parts.	Flat pointed	Thick and Maroon	Pinkish	Cream	14
Nasarawa	Middle Belt	Nasarawa Eggon	Gunku	D. rotundata	Ashombla	2011	Medium, cylindrical with hairs all over the body	Flat with spiky roots at the end	Not indented not branched	Flat-pointed	Thick and brown	White	White	13
Imo	South East	Ohaji Egbeama	Obiti	D. rotundata	O'biaotusugo	2011	Medium cylindrical with smooth body	Club-like	Indented	Round with black spot at the bottom	Thick and light brown	White	White	7
Nasarawa	Middle Belt	Lafia	Ayanagu	D. rotundata	Didio	2011	Small cylinderical smooth body with hairs at the head region	Club-like	Indented	Pointed	Thin and brown	Light pink	White with pinkish spikes	10
Benue	Middle Belt	Ukum	Sankara	D. rotundata	Ogoja	2011	Small oval cylindrical with smooth body with roots at the head region.	Club-like	Not indented not branched	Pointed	Thin and light brown	White	White	16
Nasarawa	Middle Belt	Lafia	Ayanagu	D. rotundata	Kotono	2011	medium, cylindrical, small hairs on the body, with non-spiky roots (few) hairs at the head region.	club	slighted indented, no branch	Pointed	Brown, Thin	Cream	White	9

Section	Agro ecological zone	LGA	Name of Community	Yam species	Name of variety	Year of collection	Size and shape of tuber	Head region	Middle	Tail lower part	Outer skin colour	Cortex	Inner flesh	Tuber number	Tuber
	South East	Ozigwe	Nsi Ewuru Ime	D. rotundata	Igsan	2011	Medium, cylindrical long with hairs all over the body	Club-like	Indented but not branched	Pointed	Thick and light brown	White	White	10	0.75
				D. rotundata	Ogwuonramen	2011	Small with few hairs on the body	Club-like	Not branched with a light indentation	Pointed	Thin light brown	White	White	5	0.25
	South East	Ukwa East	Obohia Ndoki	D. Cayenesis	Okpani	2011	Medium cylindrical long with smooth body	Club-like	Not branched with a light indentation	Pointed	Thin light brown	White	White	4	0.6
	Middle belt	Nasarawa Eggon	Gudaku	D. rotundata	Madaki	2011	Medium oval with few hairs at the upper region	Club –like roots not spiky	Slight indentation not branched	Pointed	Thick and dark brown	White	White	4	0.45
	Middle belt	Kastina ala	Mpatsam	D. rotundata	Fakuta	2011	Medium, oval cylindrical body is without hairs	Club-like with roots not spiky	Slight indentation not branched	Flat, indented at the bottom	Thin and light brown	White	White	9	1.5
	Middle belt	Obi	Jidea	D. rotundata	Takuma	2011	Large cylindrical long, with hairs more on the upper region	Club-like with many spiky roots at the head region	Not indented and not branched	Flat-pointed	Thick and light brown	White	White	13	1.5
	South East	Ntalagu	Ntalagu	D. rotundata	Abi	2011	Medium, cylindrical, smooth with scanty hairs on the body	Club-like	Some are branched	Pointed	Thin skin and light brown	Cream	Cream	3	0.95

llection	Agro ecological zone	LGA	Name of Community	Iam species	Name of variety	Year of collection	Size and shape of tuber	Head region	Middle	Tail/lower part	Outer skin colour	Cortex	Inner flesh	Tuber number	Tuber
i	South-South	Iyamoyong		D. rotundata	Owayp	2011	Small, cylindrical with root hairs at the head region	Club-like	No indentation no branch	Pointed	Thick brown	Cream	Deep cream	6	0.15
	South East	Nkeme East		D. rotundata	Kp afun	2011	Small, oval cylindrical with few root hairs on the body	Club-like	No indentation no branch	Pointed	Thin skin and light brown	White		4	0.45
	Middle belt	Lafia	Ayangu	D. rotundata	Dan Anacha	2011	Medium, oval cylindrical, smooth skin. No root hairs on the body and head region	Flat	Slight indentation branch	Flat	Thin skin and light brown	Cream	Cream	4	0.45
	Middle belt	Lafia	Ayangu	D. rotundata	Punch	2011	Small, conical cylindrical with root hairs from middle-too	Club-like	Slight indentation	Pointed	Thin and brown	White	White	1	0.1
	South East	Nkalaru	Nkalaru	D. rotundata	Use-Ekpe	2011	Small, oval cylindrical with root hairs on the body No spiky roots	Club	Not branched Not indented	Flat	Brown thin	White	White	14	1.7
	South East	Nkalaru	Nkalaru	D. rotundata	Adaka	2011	Medium, cylindrical, long root hairs on the body	Club-like with spiky roots at the head	No branch no indentation	Pointed	Brown	White	White	7	0.55

Section	Agro ecological zone	LGA	Name of Community	Farm species	Name of variety	Year of collection	Size and shape of tuber	Head region	Middle	Tail lower part	Outer skin colour	Cortex	Inner flesh	Tuber number	Tuber
	Middle belt	Ukum	Sankara	*D. rotundata*	Lagos	2011	small cylindrical, smooth body	Club	Not branched but slightly indented	Pointed	Brown, thin skin	white	white	5	0.5
	Middle belt	Nasarawa East	Gunki	*D. rotundata*	Ogini	2011	Small, conical cylindrical with root hairs on the body	Club	Indented	Pointed	Brown, thin skin	white	white	15	1
	South East		Nkeme East	*D. rotundata*	Abu Mkpama	2011	Small, oval with root hairs on the body. No spiky roots at the head	Club	Indented	Pointed	Thin and light brown	cream	cream	9	0.5
	Middle belt	Lafia	Avanzo	*D. rotundata*	Pepa	2011	Medium, oval with root hairs on the body; Spiky root at the head region	Flat	Indented	Flat	Thin and light brown	white	white	27	3
	South East	Otafia	Akanu Ukuru	*D. cayenensis*	Oko	2011	Small cylindrical with hairs on the body. Root hairs at the head region are not spiky	Club	Indented	Pointed	Light brown	white	white	5	0.6
	South East		Ozanda	*D. alata*	Abalameya	2011	Medium, oval with hairs all over the body	Club	Not indented, no branched	Flat	Thin skin and brown	cream	cream	6	1.25
rs	South South		Iyamoyo	*D. alata*	Indicieme	2011	Big, oval with roots all over the body	Club	Not indented, no branched	Pointed	Brown	cream	white	8	2.7
		Nasarawa East	Gunki	*D. alata*	Misa	2011	Small, oval cylindrical, root hairs all over the body	Club	Indented, no branching	Pointed	Brown	White	white	2	0.1
rs			Iyamoyo	*D. rotundata*	Ophabi	2011	small oval cylindrical, few hairs on the body; non spiky roots at the head	club like	slightly indented, no branching	pointed-flat	thin, light brown	white	white	4	0.3

Section	Agro ecological zone	LGA	Name of Community	Farm species	Name of variety	Year of collection	Size and shape of tuber	Head region	Middle	Tail/lower part	Outer skin colour	Cortex	Inner flesh	Tuber number	Tubes
		Lafia	Ayangu	D. rotundata	Heerubalwase	2011	Cylindrical, with root hairs all over the body. Few spiky root at the head region	Club	Indented	Flat	Brown, Thin Skin	White	cream	281	27.2
		Lafia	Ayangu	D. rotundata	Kpari(1)	2011	Small cylindrical, no root hairs on the body	Flub	Slightly indented and not branched	Lightly indented flat	Light brown, thin skin	White	white	1	0.15
		Nasarawa Egg	Gonku	D. rotundata	Kpari (2)	2011	Small, conical, little root hairs on the body	Flat	Indented towards the tail	Flat	Brown thin	cream	cream	1	0.08
		Ivenowona		D. dumetorum	ochubi	2011	Small, oval, clustered, with hairs all over the body	clustered	indented	Pointed, indented with groove at the bottom	Thin skin and brown	Yellow	Yellow	6	0.6
	South East	Ivo	Ibaiagu	D. dumetorum	Nka	2011	Small, conical, rough, no root hairs	Club	Indented towards the end	Flat	Light brown, thick	White	white	1	0.01
			Abot, Aick Adim	D. alata	Americam	2011	Medium, conical, with root hairs all over the body; indented	Club	Slightly indented, not branched	Pointed	Brown, thin	Cream	cream	77	22.9
	South East	Ivo	Ishiagu	D. alata	Isi Utu	2011	Medium, conical, smooth body with few root hairs indented towards the end	Club	Indented	Pointed	Brown	White but oxidizes later	white but oxidizes later	15	2
	South East	Ikwuano	Umuahia	D. alata	Mbala Ocha	2011	Small, oval with hairs all over the body	Club	Indented	Pointed and Indented	Thin and light brown	Cream	cream	21	1.3

Section	Agro ecological zone	LGA	Name of Community	Raw species	Name of variety	Year of collection	Size and shape of tuber	Head region	Middle	Tail lower part	Outer skin colour	Cortex	Inner flesh	Tuber number	Tuber
m	South South		Alok	D. alata	Egboja-Alok	2011	Small, conical cylindrical with root hairs all over the body, small indentation.	wedged	Indented and not branched	Flat with indentation	Thin and brown	White	white	13	1.95
		Anambra East	Izbariam	D. alata	Abana eme	2011	Small, cylindrical with root hairs all over the body	wedged	indented, not branched	Pointed	Maroon, thin	Cream	cream	15	0.65
		Anambra East	Izbariam	D. alata	Abana Ukwa na	2011	Large, conical cylindrical with hairs all over the body	wedged-club	indented, not branched	Indented and Flat	Maroon, thin	White	White	9	2.6
m	South South		Akpor	D. alata	Ndiaume	2011	Medium, conical cylindrical, with hairs all over the body	Club	Slightly indented	Pointed with Indentation	Thin and Brown	White	White	16	3.4
m			Ivanoyona	D. alata	Erabo or Efaba	2011	Large conical cylindrical with hairs all over the body	Club	Indented not branched	Pointed and Indented	Thin and brown	Cream	Cream	7	2.8
m			Ivanoyona	D. alata	Okele	2011	Large, oval, few hairs all over the body	Club	Indented	Flat and indented	Brown	Cream	Cream	5	3.6
	South East		Nkalagu	D. alata	Abala	2011	Large, oval, hairs all over the body	Club	Indented towards the tail	Flat and indented	Brown, thin	White	White	22	4.3
			Openda	D. alata	Mbala Ocha	2011	Medium, oval hairs all over body	Club	Indented towards the head region	Flat with indentation	Thin and brown	Cream	Cream	10	1
		Nasarawa East	Gunoku	D. alata	Buhu	2011	Large conical with hairs all over	Club	Slightly indented	Flat and indented	Thin and brown	White	White	15	6.5
m			Ivanoyona	D. rotundata	Ipapali	2011	Small, oval, smooth body	club-wedged	Not indented, not branched	Pointed anf Flat	Thin and maroon	White	White	13	0.8

Section	Agro ecological zone	LGA	Name of Community	Fam species	Name of variety	Year of collection	Size and shape of tuber	Head region	Middle	Tail lower part	Outer skin colour	Cortex	Inner flesh	Tuber number	Tuber
				D. alata	Hair of Elephant	2011	Small, cylindrical and long with hair all over	Flat	Slightly indented, not branched	Pointed	Brown, thin	White	White	20	0.3
	South South			D. alata	Anyantai Njoku	2011	medium, cylindrical and oval hair all over the body	wedge	Slightly indented, not branched	flat	thin and maroon	Cream	White	19	3.6
	South South		Orun Alok Adim	D. alata	American	2011	Small, oval with hair all over the body	Wedge	slightly indented	Flat, slightly indented	Thin and Maroon	Cream	Cream	3	0.02
	South South		Alok	D. alata	Elephant Bottle neck	2011	small conical with few roots on the body	club	indented	flat	thin and maroon	Cream	Cream	19	1.3
	South South		Ikamoyong	D. alata	Odinin	2011	Small, oval hair all over the body	Flat	Not indented, not branched	pointed	Brown	pink	pink	2	0.1
	South East	Ivo	Ishiagu	D. alata	omilaogu	2011	Medium, oval with hairs all over the body	wedge	indented	Flat	Thin and brown	Cream	Cream	13	2.3
	South South		Alok	D. alata	Akpngab	2011	Small, oval with hairs all over the body	clubbed	No indentation	Flat but indented	Thin and maroon	Cream	Cream		0.3
				D. alata	Abiamerca	2011	Medium, oval with hairs all over the body	Club	Not indented	Pointed	Thin and brown	Pink	white	6	0.6
		Lafia	Avarany	D. alata	Mahunochi	2011	medium, oval conical with hair all over the body	Club	slightly indented	Flat	THin and maroon	Cream	white	5	2.6
				D. alata	Emha	2011	large cylindrical oval with short hairs over the head spilly m on at the head region	club	not indented	point	Thin and maroon	Cream	Cream	10	9.3

Section	Agro ecological zone	LGA	Name of Community	Farm species	Name of variety	Year of collection	Size and shape of tuber	Head region	Middle	Tail/lower part	Outer skin colour	Cortex	Inner flesh	Tuber number	Tuber
r	South South		Akom	D. alata	Ndaume	2011	medium, cylindrical, oval, hairs on the body	club wedged	slightly indented	flat and pointed with indentation	Thin and brown	White	White	11	3.4
	South East		Nkerre East	D. alata	Nbana ewanafu	2011	small, oval with root hairs on the body	wedge	branched	pointed with indentation	Thin and maroon	White	White	5	0.5
	South East	Ivo	Ishiagu	D. alata	Igbo-engidi	2011	small, cylindrical with hair all over the body	wedge	slightly indented	pointed	thick and maroon	Cream	White	20	8.8
				D. alata	Nkata Izzi	2011	small, oval with root hairs all over body	clubbed	Not indented, Not branched	Flat and indented	Brown, Thick	White	white	18	1.7
				D. alata	Abana Ukwenakiti	2011	Big, oval with hairs all over the body	wedged	indented	Flat, indented	Thin, brown	white	white	5	2.6
				D. alata	Amafe izzi	2011	Small, conical-cylinderical. Smooth, without hairs	Flat	slightly-indented	Pointed	Light brown, thin	White	white	12	0.6
n	South South		Adim	D. dumentorum	Iroko	2011	Small, cluster with thick roots mainly at the head region	clustered	conical	Flat	Brown, thin	Cream	Cream	1	0.2
			Nkwo	D. alata	Abana	2011	Small, oval	Wedge	Slightly indented	Flat and indented	Maroon, Thin	White	White	3	0.9
n	South South		Iyamoyong	D. alata	Ogboja	2011	Small, cylinderical, hairs all over the body. Spiky roots at the head	Wedge	Not indented, not branched	Pointed	Brown, thin	Cream	White	16	1.65
n	South South		Okukutaia	D. alata	Efida	2011	Small, long and cylinderical with scanty roots hairs at the body	wedged	Indented	Pointed	Thin, Brown	White	White	1	0.1

Section	Agro ecological zone	LGA	Name of Community	Farm species	Name of variety	Year of collection	Size and shape of tuber	Head region	Middle	Tail/lower part	Outer skin colour	Cortex	Inner flesh	Tuber number	Tuber
rs	South South		Abuochi-Ichie	D. dumentorum	Inyietibe	2011	Small, oval, irregular, with much hairs at the head region. Body is rough	Clustered	Slightly branched	Flat	Light brown	Cream	Light yellow	8	0.8
				D. dumentorum	Iny	2011	Size, oval clustered with bushy roots all over the body	Clustered	Not indented, slighted branched	Flat	Light brown	Light yellow	Light yellow	19	1.5
rs	South South		Isamovong	D. alata	Okpapha	2011	Medium, conical with spot hairs all over the body	Wedged	Not indented	Pointed	Thin, Maroon	Cream	Cream	19	3.6
rs	South South		Alok	D. dumentorum	Efiame	2011	Small, irregular, with much hairs on the head region. Long or spots are spiky	Clustered	Branched	Pointed	Brown, thin	Light yellow	Light yellow	9	1.3
				D. alata	Opolobaba	2011	Small, oval with hairs all over the body	Clubed	Slight indented	Flat with black spot	Thin and brown	Cream	White	2	0.3
		Imi		D. alata	Nvula Eke	2011	Small, long, cylindrical, smooth body	Flat	Slightly curved	Pointed	Brown	Pink	White	5	0.25
				D. alata	Nkpurata	2011	Small, conical cylindrical with root hairs all over the body. Rough body	Clubed	Slightly indented	Pointed	Thick	Cream	Cream	9	1.7
rs	South South		Abuochiechie	D. alata	Achisem	2011	Small, oval with hairs on the body	Wedged	Not indented nor branched	Flat, slightly indented	Brown, thin	White	White	7	0.5
	Middle Belt	Nasarawa East	Guroku	D. alata	Sakan	2011	Large, oval cylindrical with roots all over the body	Flat	Slightly indented	Pointed	Thin, marooned	Light yellow	White	223	46

RECOMENDAÇÃO

Embora tenham sido obtidas caraterísticas morfológicas do inhame, é contudo necessário adotar métodos avançados de abordagens fisiológicas e moleculares para uma caraterização pormenorizada. Os avanços na biotecnologia, especialmente no domínio das técnicas de cultura in vitro e da biologia molecular, fornecerão alguns instrumentos importantes para uma melhor conservação e gestão dos recursos genéticos vegetais.

APRECIAÇÃO

Os autores gostariam de agradecer as contribuições do Global Crop Diversity Trust por fornecer os recursos para a realização do inquérito, do National Root Crops Research Institute, Umudike, do National Centre for Genetic Resources and Biotechnology, Ibadan, e do International Institute for Tropical Agriculture (IITA), Ibadan, pela coordenação do trabalho.

REFERÊNCIAS

Coyne,C., Claudius-Cole, A. e Kikuno , H. (2000). Programa do Sistema CGIAR sobre Gestão Integrada de Pragas (SP-IPM) Resumo de Inovação Técnica. No 7, Nov. 2010

Dubois, T. (2012). Importância da Cultura de Tecidos. IITA.P.O.Box 7878, Plot 15. East Naguru Road Upper Naguru, Kampala, Uganda.

Ezebuiro, N.C., J.N. Amanze, C.Orjinta, O.N.Eke-Okoro, J.G. Ikeorgu e D.N. Njoku (2012). Avaliação da diversidade do inhame a nível comunitário no Estado de Abia, Nigéria.

FAO (2005). Estatísticas da Organização das Nações Unidas para a Alimentação e a Agricultura. FAO, Roma, Itália. http.//www.fao/stat.org.

FAO (2009). Organização das Nações Unidas para a Alimentação e a Agricultura. Statistical Figure for crop; area and yield data of arable crops (Figura estatística da cultura; dados sobre a área e o rendimento das culturas arvenses). FAO, Roma, Itália.

Farming Matters (2013). Agricultura de pequena escala para uma sociedade sustentável 09/2013 - 29.3. (www.agriculturesnetwork.org) Acedido em 2/10/2013

Departamento Federal de Agricultura e Recursos Terrestres (FDALR) (1985). Reconnissance Survey of Imo state, Nigeria Soil Report. FDALR, Kaduna, Nigéria.

Hidalgo. R (2003). Variabilidad gentica y caracterizacion espeicies vegetales. In Franco TL Hidalgo, R. eds 2003. Anaisi estadistico de datos de charaterization morfologica de recourses fitogetetices. Boletin Tecnico Nos IPGRI. Cali, Colômbia pp 2- 26. Disponível em http://www.ip grici gair.org/publicationspelf/894pdf (Acedido em 14 Dez. 2011).

Ikeorgu, J.G., Nwachukwu, E.C., Eke-Okoro, O.N. e Ezebuiro, N.C. (2011). Aumentar o acesso dos agricultores à diversidade do inhame na Nigéria. Instituto Nacional de Investigação de Culturas de Raiz 2011, Umudike, Relatório Anual. P 112 - 115. www.nrcri.gov.ng.

IITA (2009). http://www.oota.org/cms/details/researchsummary.aspxarticle=2688zoneid =63

IPGRI (1988). Comité Consultivo para o Armazenamento de Sementes. Relatórios anuais, Roma, Itália.

Jaramillo, S. e Baena,M. (2000). Material de apoyo a la capacitacion en conservation ex situ de recourses fitogentices. IPGRI. Cali Colômbia 2009. Disponível em http://www.ipgri.cigiar.org/training/exsitu/webarrppalmodulo.htm (acedido em 14 Dez. 2004)

Nwagu, B.I., Kabir, M e Suleiman, B.H. (2009). Caraterísticas da carcaça de diferentes raças de coelhos criados em Zaria, Nigéria. Savannah Journal of Agriculture 4: 14-19

Spore (2011). Uma revista bimensal para a agricultura e o desenvolvimento rural nos países ACP. http://spore.cta.int. junho-julho, 153:7

More
Books!

info@omniscriptum.com
www.omniscriptum.com
OMNIScriptum

Printed by Books on Demand GmbH, Norderstedt / Germany